国家出版基金项目
NATIONAL PUBLICATION FOUNDATION

记住乡愁

——留给孩子们的中国民俗文化

刘魁立◎主编

家

第七辑 民间礼俗辑

孙英芳◎编著

本辑主编 萧 放

训

黑龙江少年儿童出版社

编委会

序

亲爱的小读者们，身为中国人，你们了解中华民族的民俗文化吗？如果有所了解的话，你们又了解多少呢？

或许，你们认为熟知那些过去的事情是大人们的事，我们小孩儿不容易弄懂，也没必要弄懂那些事情。

其实，传统民俗文化的内涵极为丰富，它既不神秘也不深奥，与每个人的关系十分密切，它随时随地围绕在我们身边，贯穿于整个人生的每一天。

中华民族有很多传统节日，每逢节日都有一些传统民俗文化活动，比如端午节吃粽子，听大人们讲屈原为国为民愤投汨罗江的故事；八月中秋望着圆圆的明月，遐想嫦娥奔月、吴刚伐桂的传说，等等。

我国是一个统一的多民族国家，有 56 个民族，每个民族都有丰富多彩的文化和风俗习惯，这些不同民族的民俗文化共同构筑了中国民俗文化。或许你们听说过藏族长篇史诗《格萨尔王传》

中格萨尔王的英雄气概、蒙古族智慧的化身——巴拉根仓的机智与诙谐、维吾尔族世界闻名的智者——阿凡提的睿智与幽默、壮族歌仙刘三姐的聪慧机敏与歌如泉涌……如果这些你们都有所了解，那就说明你们已经走进了中华民族传统民俗文化的王国。

你们也许看过京剧、木偶戏、皮影戏，看过踩高跷、耍龙灯，欣赏过威风锣鼓，这些都是我们中华民族为世界贡献的艺术珍品。你们或许也欣赏过中国古琴演奏，那是中华文化中的瑰宝。1977年9月5日美国发射的"旅行者1号"探测器上所载的向外太空传达人类声音的金光盘上面，就录制了我国古琴大师管平湖演奏的中国古琴名曲——《流水》。

北京天安门东西两侧设有太庙和社稷坛，那是旧时皇帝举行仪式祭祀祖先和祭祀谷神及土地的地方。另外，在北京城的南北东西四个方位建有天坛、地坛、日坛和月坛，这些地方曾经是皇帝率领百官祭拜天、地、日、月的神圣场所。这些仪式活动说明，我们中国人自古就认为自己是自然的组成部分，因而崇信自然、融入自然，与自然和谐相处。

如今民间仍保存的奉祀关公和妈祖的习俗，则体现了中国人崇尚仁义礼智信、进行自我道德教育的意愿，表达了祈望平安顺达和扶危救困的诉求。

小读者们，你们养过蚕宝宝吗？原产于中国的蚕，真称得上伟大的小生物。蚕宝宝的一生从芝麻粒儿大小的蚕卵算起，中间经历蚁蚕、蚕宝宝、结茧吐丝等过程，到破茧成蛾结束，总共四十余天，却能为我们贡献约一千米长的蚕丝。我国历史悠久的养蚕、丝绸织绣技术自西汉"丝绸之路"诞生那天起就成为东方文明的传播者和象征，为促进人类文明的发展做出了不可磨灭的贡献！

小读者们，你们到过烧造瓷器的窑口，见过工匠师傅们拉坯、上釉、烧窑吗？中国是瓷器的故乡，我们的陶瓷技艺同样为人类文明的发展做出了巨大贡献！中国的英文国名"China"，就是由英文"china"（瓷器）一词转义而来的。

中国的历法、二十四节气、珠算、中医知识体系，都是中华民族传统文化宝库中的珍品。

让我们深感骄傲的中国传统民俗文化博大精深、丰富多彩，课本中的内容是难以囊括的。每向这个领域多迈进一步，你们对历史的认知、对人生的感悟、对生活的热爱与奋斗就会更进一分。

作为中国人，无论你身在何处，那与生俱来的充满民族文化DNA的血液将伴随你的一生，乡音难改，乡情难忘，乡愁恒久。这是你的根，这是你的魂，这种民族文化的传统体现在你身上，是你身份的标识，也是我们作为中国人彼此认同的依据，它作为一种凝聚的力量，把我们整个中华民族大家庭紧紧地联系在一起。

《记住乡愁——留给孩子们的中国民俗文化》丛书，为小读者们全面介绍了传统民俗文化的丰富内容：包括民间史诗传说故事、传统民间节日、民间信仰、礼仪习俗、民间游戏、中国古代建筑技艺、民间手工艺……

各辑的主编、各册的作者，都是相关领域的专家。他们以适合儿童的文笔，选配大量图片，简约精当地介绍每一个专题，希望小读者们读来兴趣盎然、收获颇丰。

在你们阅读的过程中，也许你们的长辈会向你们说起他们曾经的往事，讲讲他们的"乡愁"。那时，你们也许会觉得生活充满了意趣。希望这套丛书能使你们更加珍爱中国的传统民俗文化，让你们为生为中国人而自豪，长大后为中华民族的伟大复兴做出自己的贡献！

亲爱的小读者们，祝你们健康快乐！

二〇一七年十二月

目　录

家训的历史

家训的历史

中华民族历史悠久绵长，有丰富多彩的文化遗产和博大精深的思想宝藏，其中，家训是极具特色的一种文化现象，是中国传统文化中根深叶茂、源远流长的一个内容。

明洪武初年，明太祖朱元璋听说江南浦江地区有一个大家族数代以来同食共住，相处和睦，于是接见了这个家族的八世孙郑濂。朱元璋问他治家长久之道，郑濂回答要谨守祖训，朱元璋听了很是赞赏。当朱元璋看到郑氏家族的家训《郑氏规范》时，感慨地说："人家有法守之，尚能长久，况国乎？"朱元璋便对郑氏家族大加封赏，郑氏家族因而成为"义门"的典型，郑氏家族的家训也成为后人学习的榜样。据说，明代典章制度的主要制定者之一、被称为"开国文臣之首"的宋濂，就被郑氏的孝义家风所感，举家由金华迁居郑家附近的青萝山，并在这个大家族做过长达20余年的塾师。

家训是中华民族优秀传统文化宝库中的一部分，留传千年，却依然闪烁着智慧的光芒，对我们今天的生产生活仍然有很多启发。了解和学习家训，对于继承中华优秀传统文化、弘扬中华

|浙江郑氏家族
牌坊群|

民族传统美德、构建新时代的家庭文化具有重要的现实意义。

一、家训概说

家训也称为家范、家法、庭训、家诫等，是家庭为了教育子孙专门撰写的训导性文字。中华民族历来重视家庭教育，其中，家训占有重要地位。家训是古代家庭教育子女最基本的形式，

也是古人传播修身治家、为人处世之道最基本的方法，对人们的生活有广泛而深刻的影响。

家训是祖先探索和总结家庭教育的智慧结晶，家训的产生和发展同家庭有着密切的关系。从历史上看，家庭的出现和发展是家训出现的前提。考古证实，早在新石器时代，就已经出现了家庭。父系氏族公社形成以后，

由于血缘关系的固定，家庭成为独立的生产单位，家训的产生有了比较稳定的条件。可以想象，在当时，人们在生产生活中积累的知识和经验，可以通过口头的形式在家庭内部代代相传。但由于当时生产力水平低下，人们的生产生活仅能满足生存的需要，人们不像后世那么重视家庭教育。当社会发展到一定阶段，家庭数量越来越庞大，社会需要家庭承担教育子弟、培养人才的任务时，家训便逐渐萌芽并发展起来。尤其是有了文字以后，这些生产生活经验便可以记载下来，家训就以更加稳固的形式向后世传承并发展。我们今天看到的商代的甲骨卜辞，其中就有家训的萌芽，而在周代的文献中，

|《华阳邵氏宗谱》|

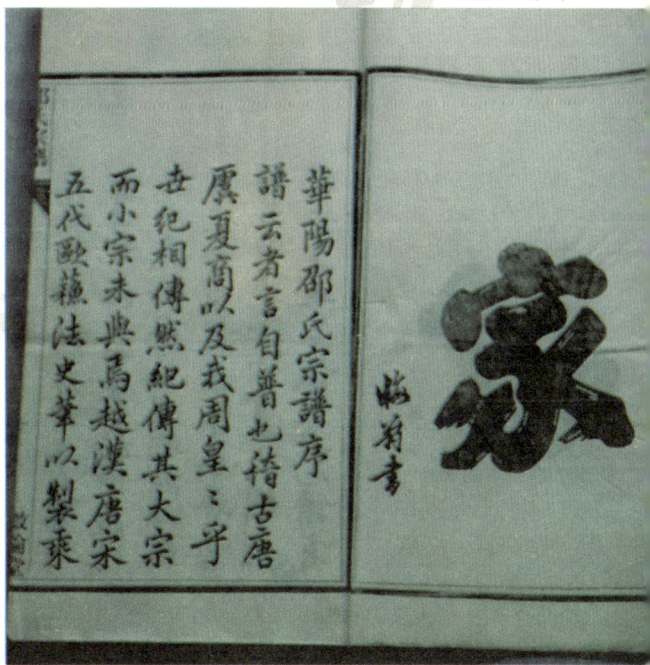

|《华阳邵氏宗谱》中的"家"字|

便已经有关于家训内容的文字记录了。

中国历代留下的家训资料十分丰富。从种类上看，有帝王家训、官宦家训、士绅家训，以及专门的女训等。从历史发展过程来看，中国家训历经由萌芽到初步形成、逐渐成熟、达到鼎盛和转型的过程，不同时代的家训既有很多一致的内容，也彰显各自不同的特点，能够反映不同时代的文化风气。家训涵盖的内容，涉及家庭成员教育的方方面面，从个人的修身养德到治家、理财、做人、处世、养生等无所不及。家训在形式上也是多种多样，仅以书面家训而言，有家训专论、家训专著、家训诗、家书、箴言等多种形式。

二、家训的历史发展过程

家训在中国古代有一个逐步发展的过程，它伴随着中国古代社会家庭、家族的发展和封建王朝的变迁不断充实和完善，最终形成了不同时代具有代表性的家训作品。我们今天回顾历史，不难看到，几乎每个朝代都有代表性的家训作品，如南北朝颜之推的《颜氏家训》，北宋司马光的《居家杂仪》，南宋袁采的《袁氏世范》，明代郑文融的《郑氏规范》，明代袁衷等人的《庭帏杂录》，清代孙奇逢的《孝友堂家训》、朱柏庐的《朱子家训》等。其中《颜氏家训》《郑氏规范》《朱子家训》等都是中国历史上为人所熟

知的家训作品。

纵观中国家训从古到今的历史发展过程，可以分为两大阶段：第一阶段是中国古代家训阶段；第二阶段是中国近现代家训阶段。

（一）中国古代的家训

1. 先秦时期：家训的发端

中国家训的历史源远流长。文献里记载，早在周代，周文王就很重视训诫子孙。

《尚书》里有一篇文章叫《酒诰》，写周文王告诫子孙不要经常饮酒，要爱惜粮食，要保持心地善良等。而周文王之子周公可以说是中国传统家训的真正开创者。西周初年，周公被分封在鲁国，周公的儿子伯禽要代替他去鲁国执政。伯禽临行前，周公语重心长地告诫伯禽，到了鲁国执政，要修养德行、礼贤下士。周公还教导周成王要吸取夏、商兴衰的经验教训，任用有贤能的人才，抚恤百姓。

周公的家训是以"诰"的形式出现的，虽然是帝王家教，但其奠定了中国传统家训的基本形式。周公家训中的勤政爱民、明德慎罚、礼贤下士等内容，也成为后世帝王家训的基本内容。可以说，周公家训开创了中国帝王家训的先河，对于帝王教育子孙、治理国家不仅具有重要的启迪作用，而且具有更加广泛的社会意义，对于古代仕宦家庭家训的形成也有重要影响。

孔子是春秋末期的思想家、教育家。《论语》中记载的孔子教育儿子孔鲤的故事，被后世奉为家训范例。有一天，孔鲤从院子里走过，孔子正好在那里，便问孔鲤："你学礼了吗？"孔鲤说："没有。"孔子说："你不学礼，无法立足社会。"然后他告诫孔鲤，要想成为品行高尚的人就要学习礼节，接待宾客时要有礼节，只有学会礼节，才能立身处世。孔子通过自己的言传身教，

|周公雕塑|

教导孔鲤立身做事的方法。

　　此外，中国最早的诗歌总集——《诗经》中也有记录家庭教育的篇章，这些篇章反映了西周至春秋时期民间社会家庭教育的风气。由此可见，早在西周，诸多家庭通过家训训导的形式教导子孙已经是比较普遍的做法。

　　中国家训的产生和发展与中国古代社会的经济基础及社会组织形式有着密切的关系。中国古代是农业社会，以家庭为基本单位的生产组织形式延续了几千年，使得以血缘关系为纽带的家庭关系相对稳固。家训作为家庭成员之间的训导之言，源自家庭中的父母向子女传授生产生活知识和教导其立身做人的需要，因此，追溯家训产生的历史，自然是来自民间生产生活的实践。而先秦

|中国木雕家训馆中展示的先秦时期的家训|

|中国木雕家训馆中展示的先秦时期的家训|

时期是家训从萌芽到初步形成的阶段，由于当时的家训大都是口头流传下来的，被后人记载下来的文字资料很少。从现存的文献资料看，当时家训的内容较为简单，不成系统，远不如后来的那么丰富。

2. 两汉至魏晋南北朝时期世家大族的家训

两汉至魏晋南北朝时期，中国古代家训向前有了很大发展并逐渐定型，这与汉代以后经济发展带来的家庭、家族的繁荣发展有着内在的关联。西汉时期，社会比较安定，铁质农具的普遍使用，大大提高了农业生产的效率，使粮食产量增加，经济得到恢复和发展，人口不断繁衍。到西汉中晚期，一些人口较多的大家族随之产生，这些家族有较强的经济实力和较高的政治地位。到了魏晋时期，选官制度重视门第，这些大家族非常重视对家族子弟的培养，传授家训便成为家族教育子弟的重要方式。即使那些实力不济的家族，也注重对子弟在道德和学问等方面进行教育。

在国家思想领域，这个时期的儒学已经占据官方思想的主导地位，周公、孔子等人的家训思想得到继承和弘扬，并逐渐产生了很多家训，家训的内容也相对定型。两汉时期比较著名的家训作品有30多篇，如刘邦的《手敕太子书》、刘向的《诫子歆书》、班昭的《女诫》等。到了魏晋南北朝时期，家训作品又增加了很多，数量已经较为可观，著名的有诸葛

中国木雕家训馆中展示的汉代家训

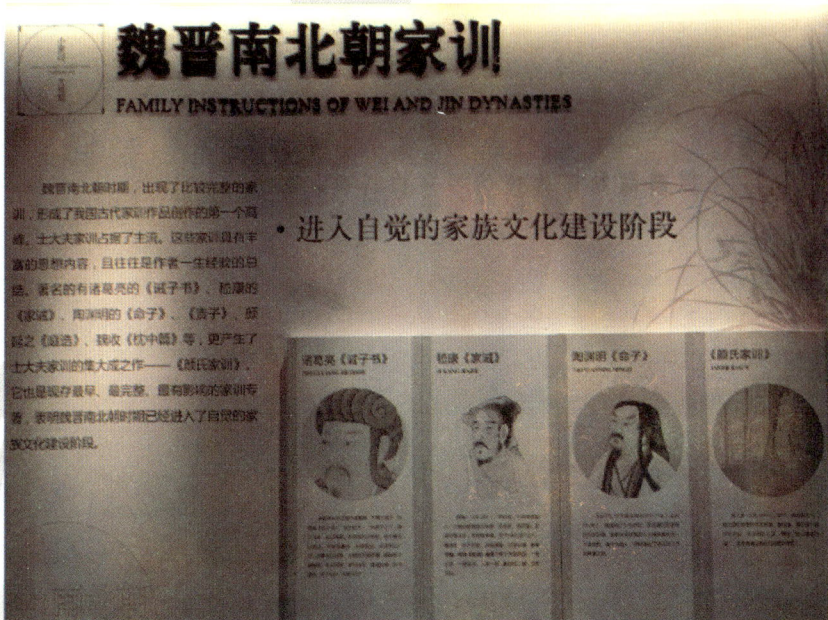

亮的《诫子书》和《诫外甥书》、嵇康的《家诫》、颜延之的《庭诰文》等。其中，诸葛亮的《诫子书》是这个时期家训的典范，被后人广为传颂。

诸葛亮是三国时期蜀汉政治家、军事家，他写的家训名篇《诫子书》，篇幅短小精炼，情真意切，富有哲理：

夫君子之行，静以修身，俭以养德。非淡泊无以明志，非宁静无以致远。夫学须静也，才须学也，非学无以广才，非志无以成学。淫慢则不能励精，险躁则不能冶性。年与时驰，意与日去，遂成枯落，多不接世，悲守穷庐，将复何及！

在这篇《诫子书》里，诸葛亮告诫子嗣要养德明志，宁静致远；要有崇高的理想，学习先贤，加强修养，励精图治。诸葛亮的这些家训思想影响深远，一直为后人所称道。其中，"静以修身，俭以养德""非淡泊无以明志，非宁静无以致远""志当存高远"等警句成为后世人修身的经典名言。

3. 隋唐时期：家训的成熟期

隋唐时期，家训进一步发展，达到成熟阶段。此时，家训文体几乎涵盖了我国传统家训的全部形式，有家训专著、家训文章、家训诗等。在这一时期，《颜氏家训》应运而生，成为中国历史上家训的典范。

《颜氏家训》是北齐颜之推所作，大致到隋代定稿。颜之推祖籍琅琊临沂（今山东临沂），其九世祖颜含随晋元帝渡江，居住建康（今江苏南京）。颜氏家族有着良好的家风和家学传统，颜之推从小受到家风熏陶，历梁、北齐、北周、隋四朝，曾官至黄门侍郎，学识渊博。他从乱世里贵族子弟的遭遇和自己的坎坷经历中体会到学习知识技能和修养德行的重要性，并认识到学习家训的必要性，因而他历经多年，写成《颜氏家训》一书。

颜氏家訓二卷〔江西巡撫採進本〕

舊本題北齊黄門侍郎顏之推撰攗考隋法言切韻序作於隋仁壽中所列同定人人之推與蕭該顏則賓終於隋舊本所題蓋攗作書之時也陳振孫書錄解題云古今家訓以此爲祖然顏氏之前有太公家教雖屬僞書至杜預家誡之類則在前久矣特其人所著凡二十篇述立身治家之法辨正時俗之謬以訓世人今觀其書大抵於世故人情深明利害而能文之以經訓故唐志宋志俱列之儒家然其中歸心一篇深明因果不出當時好佛之習又兼論字畫音訓並考正典故品第文藝曼衍旁涉不專爲一家之言今特退之雜家從其類焉又是書隋志不著錄唐志宋志俱作七卷今本止二卷錢曾讀書敏求記載有宋鈔淳熙七年嘉興沈揆本七卷以閩本蜀本及天台謝氏所校五代和凝

《四库全书总目》中关于《颜氏家训》的介绍（书影）

13

《颜氏家训》共七卷、二十篇，皆以儒家的修身、齐家、治学、为人、处世、任官之道来教育子孙。这二十篇分别是《序致》《教子》《兄弟》《后娶》《治家》《风操》《慕贤》《勉学》《文章》《名实》《涉务》《省事》《止足》《诫兵》

《养心》《归心》《书证》《音辞》《杂艺》《终制》，系统地论述了教育子弟、治家等方面的内容。比如，在品德修养、学业修养方面，《颜氏家训》谈到了慎重交友的意义，谈到了勤学的重要性。《颜氏家训》中的《勉学》篇，细致论述了学习的重要性、学习的目的、学习的方法等，并列举大量事例进行说明。颜之推认为，人在社会上从事各行各业都要有必备的知识技能：

人生在世，会当有业。农民则计量耕稼，商贾则讨论货贿，工巧则致精器用，伎艺则沉思法术，武夫则惯习弓马，文士则讲议经书。

颜之推还阐述了学习的目的：

夫所以读书学问，本欲

西安碑林博物馆中的颜氏家庙碑

开心明目，利于行耳。

夫学者犹种树也，春玩其华，秋登其实：讲论文章，春华也；修身慎行，秋实也。

在《涉务》篇里，颜之推提出做人要有益于国家，要努力成为精通国政、能处理政事的人才：

士君子之处世，贵能有益于物耳，不徒高谈虚论，左琴右书，以费人君禄位也。国之用材，大较不过六事：一则朝廷之臣，取其鉴达治体，经纶博雅；二则文史之臣，取其著述宪章，不忘前古；三则军旅之臣，取其断决有谋，强干习事；四则藩屏之臣，取其明练风俗，清白爱民；五则使命之臣，取其识变从宜，不辱君命；六则兴造之臣，取其程功节费，开略有术：此则皆勤学守行者所能办也。人性有长短，岂责具美于六涂哉？但当皆晓指趣，能守一职，便无愧耳。

这种经世致用、希望子孙成为国家有用之才的务实精神是值得肯定的。

《颜氏家训》在总结前人家庭教育理论的基础上，对修身治家、求学处世等问题进行了系统的论述，成为我国古代第一部系统性的家训作品，奠定了中国后世家训的基础，具有重要的开创意义。《颜氏家训》对颜氏家族子孙的教育产生了显著的效果，使颜氏家族在历代出现了很多可歌可颂的人物，如唐代的忠义之士颜杲卿、唐代著名的书法家颜真卿，他们均是颜之推的后代。颜杲卿忠义刚直，唐玄宗天

|颜真卿雕塑|

唐开元进士，历任监察御史、殿中侍御史等官职。他对待父母非常孝顺，做官刚正不阿、清正廉洁，身为高官却全家吃简单的粥饭。他擅长书法，其楷书端庄雄伟，气势浑厚，世称"颜体"，并作有一首《劝学》诗："三更灯火五更鸡，正是男儿读书时。黑发不知勤学早，白首方悔读书迟。"颜氏家族成员的这些作为，与《颜氏家训》的教导有密不可分的

宝十四年（755年），他任常山（今浙江衢州）太守时，安禄山反叛，他起兵抵抗被捕，怒骂安禄山，坚贞不屈。颜真卿也是忠烈之士，他是

|颜真卿的书法作品（书影）|

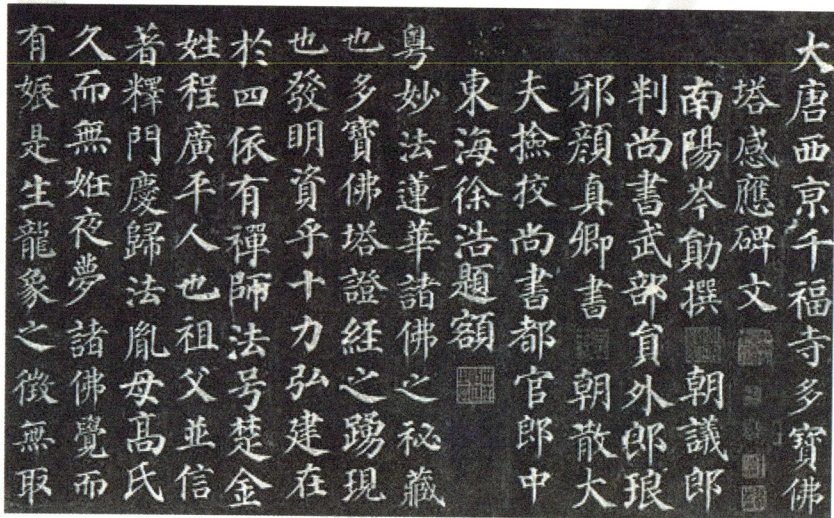

关系。

《颜氏家训》还影响了千家万户，受到后世文人学士的重视和高度评价，在宋代享有"古今家训，以此为祖"的美誉。清代学者王钺在《读书丛残》里说它"篇篇药石，言言龟鉴，凡为人子弟者，当家置一册，奉为明训，不独颜氏"。明代袁衷在其家训专著《庭帏杂录》里说它"家法最正，相传最远"。

4. 宋元时期的经典家训

到了宋元时期，家训在以前发展的基础上呈现出繁荣景象。这一时期，中国宗族组织发展迅速，聚族而居的大家庭很多。比如江州路德安（今江西德安）陈氏以孝义治家，唐昭宗时赐诏立义门，到宋仁宗时，这个大家族人口已达到3700余口。又比如浦江郑氏家族历经宋、元、明三代，三百年同灶同食。这一时期，完备、

浙江浦江郑氏家族祠堂外景

系统、成熟的儒家思想通过各种途径深入家庭、宗族之中，使中国家训进入一个完善、繁荣的时期。这一时期的家训专著不仅数量多，而且在教育思想、教育方法上有了很大发展。宋代不少名臣都有家训传世，如司马光、范仲淹、贾昌朝、包拯、苏轼、陆游、叶梦得等，其中司马光的《家范》《居家杂仪》对后世影响最大，可以说是这个时期家训的代表作品。

司马光，字君实，陕州夏县（今属山西）涑水乡人，世称"涑水先生"，是北宋时期的著名政治家和史学家。他聪明好学，20岁中进士，在朝廷担任官职。王安石变法时，他辞归洛阳，编写了《资治通鉴》这一历史巨著。宋哲宗在位时，他任尚书左仆射兼门下侍郎，病逝后被追封为温国公，谥号文正。

司马光雕塑

司马光在家训方面的成就以三部家训著作为代表，分别是《家范》《居家杂仪》和《训俭示康》。其中，《家范》篇幅很大，内容最为丰富，可谓鸿篇巨制。《家范》全面系统地阐述了封建家庭的伦理关系、修身治家之法、为人处世之道等，被看作司马光家训作品中的典范。《居家杂仪》也叫《涑水家仪》，篇幅短小，专讲居家的各种规矩、仪节，可以说是一本简明且实用的家庭日常礼节范本。《训俭示康》是司马光专门就节俭问题写给儿子司马康的一封家书，信中表达了对节约持家的看法和司马氏家族"世以清白相承""以俭素为美"的家风，受到历代人们的称颂。

"家范"，顾名思义，是治家的典范。《家范》中不仅记录了许多儒家经典中关于圣人君子治家、修身的格言，还记录了大量历代治家有方的实例和典范，并间杂着分析和评论，以此希望达到教导子孙的目的。《家范》强调"谨守礼法"的治家之道，认为"治家莫如礼"——礼治对于家庭生存

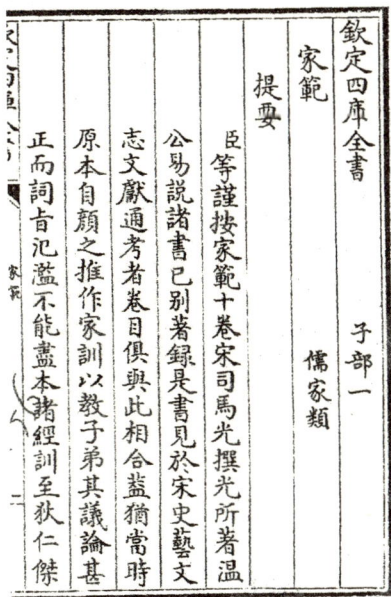

《家范》（书影）

发展具有重要意义，应按照儒家的纲常礼教行事，家庭成员之间要和睦相处：

夫人爪牙之利，不及虎豹；膂力之强，不及熊罴；奔走之疾，不及麋鹿；飞扬之高，不及燕雀。苟非群聚以御外患，则反为异类食矣。是故圣人教之以礼，使人知父子兄弟之亲。人知爱其父，则知爱其兄弟矣；爱其祖，则知爱其宗族矣。如枝叶之附于根干，手足之系于身手，不可离也。

北宋时期，在家训实践中表现突出的人物还有范仲淹。范仲淹，字希文，苏州吴县（今苏州吴中区）人，大中祥符八年（1015年）考中进士，官至参知政事。他以天下为己任，其在《岳阳楼记》中的名句"先天下之忧而忧，后天下之乐而乐"流传千古。范仲淹两岁丧父，家中贫困，他刻苦读书，考中进士。他了解穷人生活的

范仲淹雕塑

艰难，教育子弟不要独自享受富贵而置族人贫苦于不顾。做官后，他慷慨解囊，购置义田，创立了抚养族人的"义庄"，并且专门制定了《义庄规矩》，要求族人代代传承下去。义庄的设立，抚恤了宗族中的鳏寡孤独和贫穷者，有利于社会的安定。范氏义庄成功运作了八百多年，对于维系地方社会稳定发展起到了不可估量的作用。

南宋时期，袁采所作《袁氏世范》是继《颜氏家训》之后中国家训发展史上又一里程碑式的家训专著，意义非凡。袁采，字君载，衢州信安（今浙江常山）人，进士及第，曾任乐清县令等。他秉性刚直，为官廉明。袁采的著述中，对世人影响最大的就是这部《袁氏世范》。

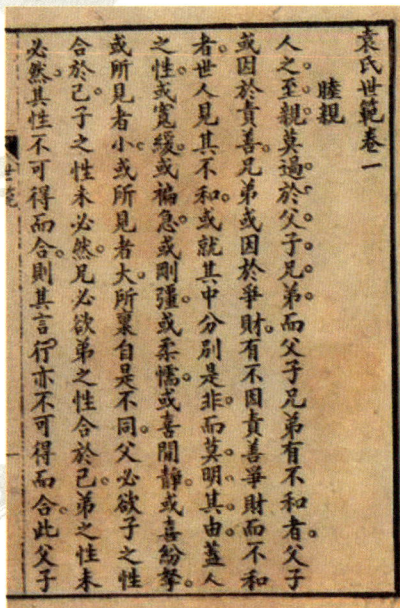

《袁氏世范》
（书影）

《袁氏世范》原名《俗训》，共三卷，分《睦亲》《处己》《治家》三部分。袁采在此书后记中说自己撰写的家训可以使田夫野老、幽闺妇女都能明白，使人"能知""能行"。由此可见，这部家训作品语言通俗质朴，注重可操作性和养成教育，其中关于治家、理财、处世之法的记述既详尽，又具体，可以为世人提供参照。袁采的同窗好友刘镇为这部家训作序，在序中谈到这部家训"习而行之，诚可以为孝悌，为忠恕，为善良而有士君子之行矣"。即他认为这部家训可以广为施行，远诸四海，而且可以垂诸后世，成为世之楷模。因此，他建议把书名改为《袁氏世范》。《袁氏世范》便由此得名。

在南宋的诸多家训中，爱国诗人陆游的家训堪称独树一帜。陆游，字务观，号放翁，越州山阴（今浙江绍兴）人，南宋著名爱国诗人，主张抗击金军侵略，收复失地。他擅长写诗文，其诗词格调豪放。他的家训作品是《放翁家训》。《放翁家训》注重优良家风的传承。陆游在其中历数了陆家世代传承

的良好家风，并谆谆告诫子孙要继承家族的优良家风。他还强调保持勤劳节约、为官清廉的美德和高尚的节操。陆游写了很多教子诗对子孙进行苦口婆心的叮嘱，告诫子孙要报效祖国、为民造福，做官要清廉公正、恪尽职守。

总的来看，宋代家训与前世相比，在内容上涉及家庭生活的各个方面，在治家理财、待人处世、教育子弟方面论述详细，能够给家庭成员系统、全面、具体的指导，实用性很强。此外，宋代家训更重视家风的传承。家风是一个家庭在世代繁衍过程中逐步形成的较为稳定的生活作风、传统习惯和道德风尚，良好家风的形成离不开家庭成员世代的提倡和

身体力行，一旦形成，便成为一种强大的精神力量，对家族子弟产生鼓励和约束作用，促使他们更好地继承和弘扬家族内部传承下来的良好家风。比如包拯在其简短的家训中，要求做官的子孙不得贪赃枉法，要保持清廉的家风；陆游在《放翁家训》中训诫子孙继承祖先清白俭约、注重节操的家风等。

辽、金、元时期，我国少数民族的家训史料极少。在元代，《郑氏规范》是中国家训史上的一部重要作品。郑氏家族是一个历经宋、元、明三代的封建大家族，这个家族自远祖郑绮开始，就聚居于一个大宅院中，一直到明初，三百余年同灶共食，人口最多时达三千余人。这个家族多次受到朝廷的表彰，其家事被载入《宋史》《元史》《明史》中。明洪武十八年（1385 年），朱元璋赐郑氏家族"江南第一家"的美称。

《郑氏规范》是经过郑氏家族几代子孙的修订、增删而成的家训作品。关于这部家训的作者，据《明史》记载，最早是郑绮的六世孙郑文融（字太和），他制定家规 58 则，此后七世孙郑钦、郑铉对其进行增补，八世孙郑涛与诸弟兄将其修订为 168 则，成为历代流传最广的版本。此外，郑涛编有《旌义编》，与《郑氏规范》的内容基本相同，是郑氏家族世代家规的总汇。

《郑氏规范》的内容丰富而具体，从冠婚丧祭仪礼到饮食衣服之制，从理财治

浙江浦江"江南第一家"牌楼

家之法到为人处世之道，都做了明确规定。其规范要求家长要至公无私，以礼法治家，要求家庭成员勤俭持家，并对家中子弟进行全面而系统的教育及约束。《郑氏规范》对家政管理机构的设置及相关制度均做了详细规定，是一部操作性极强的行为规范。

《郑氏规范》作为一部较为系统、完备的家规，除了对郑氏家族成员具有教育训导作用外，还对当时社会和后世产生了深远的影响——郑氏家族的组织管理结构、家族教育的方式方法被后世许多家庭所效法。郑氏家族所倡导的孝义精神，使家族成员之间形成了亲族至上、手足情深的价值观，具有积极的道德教育意义。

这个家族流传出不少舍生取义的感人故事，均被《明史》等文献记载。比如明代洪武年间，有人告发郑家与胡惟庸案有牵连，当官差上门捕人时，郑家兄弟六人争着前去，最后，郑濂的弟弟郑湜主动被捕。郑湜到了京师后，在京师做官的郑濂说："我年长，应该由我来承担罪责。"而郑湜说："兄长年龄大了，我应该来担当。"兄弟二人争着入狱。朱元璋得知后感慨道："郑氏族人忠心耿耿，怎么可能做违逆朝廷的事情呢？"于是赦免了他们。

5. 明代至清代：家训的普及

明代建立后，在元代时期遭到破坏的经济逐渐恢复发展，到明代中期，农业和

浙江浦江郑氏家族祠堂内景

手工业的生产水平均超过了前代，商品经济迅速发展。明清统治者在政治上加强了君主集权制，在思想上崇尚儒学，大力提倡程朱理学，加强思想文化上的专制。明清统治者都非常重视民众的风俗教化。由于家训在教化家族子弟方面与统治者倡导的民众教化具有内在的一致性，所以自然受到统治者的重视。明太祖朱元璋不仅倡导树立家训教化的典型，还

明太祖朱元璋画像

在全国范围内对其进行表彰和推广，并亲自编撰家训。他编写《皇明祖训》，用以训导皇室子弟。在此影响下，明清时期的官僚、士大夫都极其重视家训的编撰和宣传。清代陈宏谋编写的《五种遗规》（包括《养正遗规》《教女遗规》《训俗遗规》《从政遗规》《在官法戒录》五种）和张师载编写的《课子随笔》等在民间都广为流传。明代至清代初期，中国传统家训发展到了鼎盛时期，不仅数量骤增，并且内容更加丰富，形式也更加多样。自此，家训得到了前所未有的广泛推广，其影响遍及社会各个角落的家庭，成为一般民众所熟知并尊崇的行为处世准则。

朱柏庐的《朱子家训》

可以说是明清以来流传最广、影响最大的一部家训。朱柏庐，名用纯，字致一，号柏庐，是明末清初时期江苏昆山人。他一生未做官，在家乡侍奉母亲，并研究程朱理学，设馆授徒。他把一生的修身、齐家、教人、处世思想总结成 524 字的《朱子家训》，以训诫家人、子弟。《朱子

《朱子家训》

家训》篇幅虽短，却涉及治家、教子、修身、处世等方面，总结了古代的治家之道，并阐述了人生的一些道理。在语言上，《朱子家训》采用对仗句式，整齐押韵，朗朗上口，文字流畅生动、言简意赅，因此很快被广泛传颂，成为家训经典之一。无论是官宦士绅，还是普通百姓，几乎人人皆知，流传之广、影响之大均超过了其他家训作品。

（二）近代以来家训的新变化

近代以后，中国家训进入转型发展阶段。由于社会政治、文化的巨大变化，家训在思想内容上也发生了很多新变化。此时的家训作品中既有以儒家思想为中心的传统家训思想，也有西学东

渐以来新的资产阶级思想和
无产阶级思想。比如，民国
时期的很多家训中依然强调
敬祖孝亲、和睦宗亲、培养
道德等传统家训中一贯重视
的内容。在时代风潮已经大
变的情形下，甚至一些家训
依然强调尊经读经，要求妇
女严守传统女德。其实，从
晚清开始，有一些远见卓识
的官员和学者，在家训中已
经表现出追求革新的思想。
鸦片战争以后，随着清王朝
的衰落，统治阶级内部产生
了一批新派官僚，如曾国藩、
左宗棠、李鸿章、张之洞等，
他们主动学习西方的科技文
化，具有革新的思想。他们
的新思想、新观念表现在对
家族子弟的教育上，为中国
传统家训增加了新的内容。
他们常常以家书的形式教育

曾国藩雕塑

李鸿章雕塑

子弟。在治学、择业方面，他们强调将读书和实践相结合，倡导经世致用之学。其中，曾国藩的家书影响很大，最受后人推崇。

民国以后的家训，一改过去的家训专著形式，主要以家书为主，并且在破除迷信、反对传统尊卑观念和婚姻观念上都有了新的变化。此时，一些有远见的政治家、知识分子和实业家教育子弟时强调以科技、实业救国。

进入现代以后，受到马克思主义世界观、人生观、价值观的影响，一些无产阶级革命家的家训有了全新的内容，他们把培养子女成为自食其力的劳动者，成为革命事业和建设事业的接班人作为奋斗目标，以亲情感染、

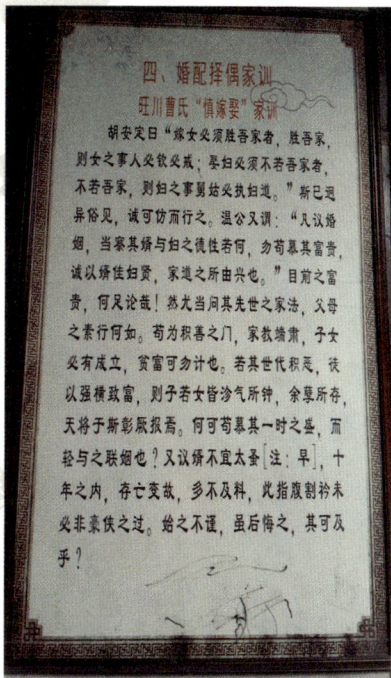

|安徽绩溪家风家训陈列馆展示的旺川曹氏"慎嫁娶"家训|

|安徽绩溪家风家训陈列馆展示的新安柯氏"正婚姻"家训|

29

耐心说理的方法，教导子女到基层实践锻炼，以此来提高其觉悟和能力。1961年，陈毅给即将到部队工作的儿子写了送行诗："汝是党之子，革命是吾风……千锤百炼后，方见思想红。"吴玉章在《给吴本立等的信》中说："要做一个工人阶级知识分子，一定要有无产阶级的世界观，即马列主义的世界观。"

老一辈革命家的家训特别强调和广大人民群众在一起，教导子女要有吃苦耐劳的精神。如罗瑞卿在《示儿》中写道："自我傲气须当改，群众关系即不难。单枪匹马怎胜敌？万众一心能擎天。"朱德在《给朱琦的信》中说："现在去蹲点，同群众看齐，同吃同卧同劳动，深入到群众中去，就真正会了解社会主义如何建设，如何完成，就会想出很多办法，同群众一起创造出许多新的办法，推向前进。"同时，他还在信中强调了集体主义精神和共产主义的理想。刘少奇在《给刘允若的信》中说："你必须抛弃个人主义，接受集体主义。就是在任何时候、任何问题上都要首先考虑集体的利益，把集体的利益摆在前面，把个人愿望、个人利益摆在服从的地位；当个人愿望和个人利益同集体利益发生矛盾时，应该肯于为了集体的利益而牺牲个人的利益。你应该下决心成为这样一种人，决定改造自己，加强这方面的锻炼，经常注意个人和集体的关系，一有错误立即改正，否则，你将不会成为一个真正对人民有用的人。"

刘少奇在《给刘平平的信》中写道:"我们希望你能决心做个进步的、革命的青年,具有远大的共产主义理想,具有雷锋式的平凡而伟大的共产主义精神,能够真正继续承担起革命前辈的革命事业。现在学习要认真、刻苦,热爱劳动,虚心学习别人的优点,关心集体,关心国内外大事,为了人民和集体,可以有所牺牲,并且注意锻炼身体,将来党和人民需要你做什么,你就可以做好什么工作。当然,要这样做是会有许多困难,要吃苦,要吃一些亏,要受委屈,甚至要牺牲的。但是,只要你真正决心献身于伟大的共产主义事业,决心把我们的国家建设成为富强的社会主义国家,真正关心全世界人民的解放事业,任何困难都是能够克服的。"

老一辈革命家用以身作则的家教方法,让子女在实践中锻炼,到最基层、最艰苦的地方,去工厂、农村、边疆磨炼自己,今天读来仍然令人心生感慨。

家训的内容

| 家训的内容 |

在中国传统社会，人们把教育家庭成员看作极为重要的事情，因而催生出很多家训作品。在这些家训作品中，反复强调教导家庭子弟的重要性。比如明清之际的孙奇逢在《孝友堂家训》中说："士大夫教诫子弟，是第一要紧事。子弟不成人，富贵适以益其恶；子弟能自立，贫贱益以固其节。从古贤人君子，多非生而富贵之人，但能安贫守分，便是贤人君子一流人；不安贫守分，毕生经营，舍易而图难，究竟富贵不可以求得，徒使自丧其生平耳。"曾国藩也认为家训有重要作用，在很

大程度上影响着子弟贤德与否、家业是否兴旺。他说道："家中要得兴旺，全靠出贤子弟。若子弟不贤不才，虽多积银积钱积谷积产积书积衣，总是枉然。"

在悠悠的历史长河中，我国积累了大量家训文献。在《古今图书集成》的记载中，《家范典》就多达31部、116卷，收录了从先秦时期到清代初期的大量家训资料。从历史上留存下来的这些家训看，其内容非常丰富，涉及家族成员道德的培养、学业的成长、事业的发展、家庭和社会关系的处理等方面，主要包括修身、持

家、处世、任事四部分，归纳起来主要有三大方面：一是关于道德和学识的培养；二是关于治家、处世的原则和方法；三是选择职业、婚姻的原则和途径。

一、修身

修身是家训中首要看重的内容，其目标和主要内容就是培养道德和增进学识。

（一）培养道德

培养道德是修身的根本，它要求家族子弟在成长过程中修养身心，遵循社会规范，培养良好品质，努力形成完美人格。这是家训针对家族子弟教育最基本、最重要的内容。在以儒家思想为主导的中国古代社会里，"修身、齐家、治国、平天下"的儒家思想是人们做事、行事的基本原则。"修身"是指修养身心，学会做人；"齐家"是指要让家庭和睦；"治国"是指要有做官治理国家的能力；"平天下"是指能够让天下平和、安定。这是一个有层次、有步骤的发展过程。其中，"修身"是"齐家、治国、平天下"的基础，只有先"修身"，才能"齐家、治国、平天下"，因此，在中国古代很多家训中，都强调"修身为本"。南宋陆九韶在其《居家正本制用篇》中说："夫事有本末，智愚贤不肖者本，贫富贵贱者末也。"他认为在对家庭子弟的教育中，培养其道德是最根本的事情。

要修身，首先要立志。立志要以圣贤为榜样，光耀门楣，报效国家。立志是修身的前提，只有明白自己想要成为什么样的人，才能有努力的方向。古代家训常常鼓励子孙要立志高远。诸葛亮在《诫子书》中说："非学无以广才，非志无以成学。"其意指如果胸无大志，就只能成为凡夫俗子。明代杨继盛在遗书中说："若初时不先立下一个定志，则中无定向，便无所不为，便为天下之小人，众人皆贱恶你。"明代姚舜牧在《药言》中也说："凡人须先立志。志不先立，一生通是虚浮，如何可以任得事？"

道德培养要以圣贤为学习目标，以孝悌为本，心存仁义，家中子弟要努力向圣贤学习，孝顺父母，关爱兄弟，心地善良。家训在对家族子弟的教育中特别强调孝悌。《药言》里说："'孝悌忠信礼义廉耻'，此八字

诸葛亮雕塑

是八个柱子，有八柱始能成宇，有八字始克成人。"明代高攀龙在《高忠宪公家训》里说："以孝悌为本，以忠义为主，以廉洁为先，以诚实为要。"

培养良好的道德还要清心寡欲，知足常乐。利欲是修身的大敌，如果放纵利欲，就可能做出违背道德和规范的事情。人如果知足，就寡欲，寡欲才能清心宁静。诸葛亮在《诚子书》中有一句经典名言："非淡泊无以明志，非宁静无以致远。"

道德的培养要坚持不懈，要在日常生活中践行。《庭训格言》里追述康熙帝对诸皇子的训诫时写道："凡人修身治性，皆当谨于素日。"由此可见，修身不是一朝一夕、一蹴而就的事情，

它伴随人的一生，体现在日常所作所为之中。比如《郑氏规范》里规定，每天清晨，家人要集中起来让尚未成年的男孩、女孩分别朗诵《男训》《女训》。此外，每逢农历初一、十五，参拜祠堂以后，家人也要朗诵训词。这么做的目的，就是要通过日常的家庭教育，培养家庭

康熙画像

成员的道德品行。

有的家训中强调要培养爱心，教育家族子弟要同情穷苦之人。《郑氏规范》在救难怜贫、讲究人道的方面就很突出，有很多具体的规定。比如对同宗族的人要多加体恤帮助，对缺粮者每月给谷六斗，对不能婚嫁者给予帮助，宗族子弟上学免学费等；对于乡亲里党，也要予以资助，比如借给粮食不收利息，周济鳏寡孤独之人；对于公益的事情要尽心尽力，比如训导子孙尽力资助修桥补路，夏季在交通要道设置茶水供应站招待过往行人等。明代高攀龙在其《高忠宪公家训》中说："古语云：世间第一好事，莫如救难怜贫。人若不遭天祸，舍施能费几文，故济人不在大费己财，但以方便存心。残羹剩饭，亦可救人之饥；敝衣败絮，亦可救人之寒。酒筵省得一二品，馈赠省得一二器，少置衣服一二套，省去长物一二件，切切为贫人算计，存盈余以济人急难。去无用可成大用，积小惠可成大德，以为善中一大功课也。"

（二）增进学识

家庭是重要的教育场所，家庭成员在家庭中不仅得到养育，也得到教育。在诸多家训作品中，鼓励子弟通过读书增进学识是重要的主题。教导读书的内容包括读书的观念、学习的方法、学习的过程等多个方面。宋代家颐在《教子语》中说："人生至乐，无如读书；至要，无如教子。"南宋陆游在《放翁家训》中言："子孙才分有限，无如之何，然不可不使读书。" 尤其是宋代以后，朝廷官员多出自科举考试选拔的人才，状元及第将会给家族带来极大的荣耀，社会上读书求仕之风盛行，因此家训中关于读书求仕的内容也明显增多，不少家训告诫子孙要刻苦读书以求功名。清代张英把读书作为家训之首，他说："予

之立训，更无多言，止有四语：读书者不贱，守田者不饥，积德者不倾，择交者不败。"《庭训格言》里也说："凡人进德修业，事事从读书起。"

当然，读书不仅是为了考取功名，获得事业成功，更重要的是立身养德，增进学识，因为学识是人的素养中的重要内容，也是培养道德的基础。清代孙奇逢在《孝

|古代科举殿试
场景雕塑|

友堂家训》中说："古人读书，取科第犹第二事，全为明道理，做好人。"左宗棠在其家书里说："所贵读书者，为能明白事理，学做圣贤，不在科名一路。"曾国藩在其家书中也说："吾辈读书，只有两事：一者进德之事，讲求乎诚正修齐之道，以图无忝所生；一者修业之事，操习乎记诵词章之术，以图自卫其身。"意思是说，读书首先是为了增进道德修养，明白诚实、正直、"修身、齐家、治国、平天下"的道理，以无愧于此生；其次，读书是为了掌握知识，获得谋生的本领。《袁氏世范》中言："大抵富贵之家教子弟读书，固欲其取科第及深究圣贤言行之精微。然命有穷达，性有昏明，不可责其

必到，尤不可用其不到而使之废学。盖子弟知书，自有所谓无用之用者存焉。"这里说的"无用之用"可以理解为，读书可以培养人的道德修养，提高人的精神境界，增强人的聪明才智。《颜氏家训》中说："夫所以读书学问，本欲开心明目，利于行耳。"就是说读书是为了开发心智，有利于自己以后的行为处世。

在具体的学习方法上，不少家训强调教子要宽严兼济、因材施教，读书要勤奋刻苦，学贵博而精，学贵有恒心，学贵谦虚，学行结合，学以致用等。比如在清代傅山的家训中，就有不少关于治学之道的内容。

培养道德和增进学识是相辅相成、相互促进的，道

| 傅山画像 |

二、持家

（一）治家

治家是中国家训中的重要内容。治家是为了有效地管理家族内部事务，协调家庭人际关系，使家庭成员遵纪守法、和睦相处，家庭平安无事，平顺发展。《大学》里说："欲治其国者，先齐其家；欲齐其家者，先修其身。""齐家"就是要治家，这是修身的目标，也是治理国家的基础，在家训中有着重要的体现。

古代家族都是实行家长负责制。家长在大的家族里也叫族长，是按照一定的规范推选出来的，负责管理全家的事务，对家庭成员的行为进行监督和约束。家庭成员要听从家长的领导，按照

德思想的形成需要通过读书获得，所以读书是培养道德的最佳途径。有了好的道德，又能促进读书的自觉和学识的培养，最终使家族子弟成为既有道德又有学识的德才兼备之人。

家庭礼仪做事。在家训中，会用道德规范来约束家长的行为，要求家长以身作则、遵守礼法、治家公平，有效地管理家政、教育子弟。《郑氏规范》里说："家长总治一家大小事务，凡事令子弟分掌，然须谨守礼法，以制其下。"家长对家庭影响很大，作为家长，首先必须以身作则。《颜氏家训》中说：

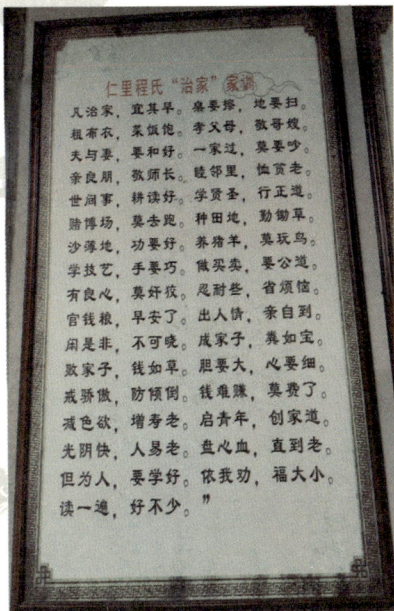

安徽绩溪家风家训陈列馆展示的仁里程氏"治家"家训

山西闻喜裴氏家训中的"治家"内容

"夫风化者，自上而行于下者也，自先而施于后者也。是以父不慈则子不孝，兄不友则弟不恭，夫不义则妇不顺矣。"因此，"凡为家长，必谨守礼法，以御群子弟及家众"。明代徐三重在《家则》中也指出："家长当谨守礼法，不得妄为，至公无私，不得偏向。"只有家长正直公平，才能使家人和睦相处，使家庭井然有序。

关于治家的核心内容，颜之推说"礼为教本"。司马光也认为"治家莫如礼"。礼的要点是："父慈而教，子孝而箴，兄爱而友，弟敬而顺，夫和而义，妻柔而正，姑慈而从，妇听而婉。"即主要是父慈子孝、兄弟和睦、夫妇和谐、勤俭持家等。只有做到这些，才能知晓父子、兄弟之亲。由此可见，一个大家族的兴衰成败，依赖于全体家庭成员之间的和睦相处、同舟共济。

"礼"是家庭中人人应该遵循的规范，主要用来规范父子、兄弟、夫妇等关系。也就是说，治家主要是要协调好家庭内部的人际关系，使父子、兄弟、夫妇、姑嫂、妯娌等家庭成员和睦相处。在《郑氏规范》里，除了规定子弟、家人在加冠、结婚、丧葬、祭祀时要按照朱熹《家礼》中的礼节行事，其还根据郑氏家族的实际情况制定了一些具体的礼节仪式。治家的具体要求是：

1. 协调好父子、兄弟、夫妇等家庭成员的关系

在古代的家族社会中，父子关系在家庭关系中占有

朱熹雕塑

重要地位，家族成员通过协调父子关系，使父慈子孝、相互体谅，对于整个家庭关系的稳定和谐具有重要意义。父慈子孝意思是说，做父亲的要慈爱，要关爱子女，做子女的要孝顺父母。这里主要强调的是孝道。孝道是中国传统儒家思想中非常重要的内容。《尔雅》中说："善事父母曰孝。"怎么样做才算是善事父母呢？

父慈了孝

即要做到对待父母要尊敬顺从，要照顾父母的生活起居，要让父母高兴。在古代家训里，普遍强调孝顺父母、长辈。如《颜氏家训》中说："孝为百行之首。"当然，父母也要关爱、公平对待子女。《袁氏世范》在涉及如何处理好父母与子女的关系上，提出必须坚持两个基本原则：一是父慈子孝，二是父母爱子贵均。姚舜牧在《药言》里说："贤不肖皆吾子，为父母者切不可毫发偏爱。"即在处理父子关系时，做长辈的应该注意对子女一视同仁，不可偏爱。父子要相互体谅，多反思自身的行为。

兄弟关系在家庭关系中也占有不容小觑的地位。《颜氏家训》里说："夫有人民而后有夫妇，有夫妇而后有父子，有父子而后有兄弟：一家之亲，此三而已矣。自兹以往，至于九族，皆本于三亲焉，故于人伦为重者也，不可不笃。"兄弟间是否和睦相处对于家庭的兴衰影响很大：兄弟间团结友爱，相让不争，这样家道才能昌隆；如果兄弟不和，甚至互相伤害，就会分裂家庭的力量，致使家庭败落。所以古代家训中对于兄弟和睦有很多论述。明代孙奇逢在《孝友堂家训》中说："父父子子，兄兄弟弟，元气固结，而家道隆昌，此不必卜之气数也。父不父，子不子，兄不兄，弟不弟，人人凌竞，各怀所私，其家之败也，可立而待，亦不必卜之气数也。"导致兄弟不和的原因可能很多，但较多的是因为贪财、父母偏爱或者妯娌搬弄是非，因此针对这三点，家训中能看到一些专门的论述。杨继盛在《杨忠愍公遗笔》中说："（兄弟）当和好到老，不可各积私财，致起争端。"

夫妇关系是家庭其他关系的前提——"有夫妇而后有父子，有父子而后有兄弟。"家训里普遍认为，夫妇之间相处主要是夫唱妇随，夫妇之间要同甘共苦，相互体谅，相敬如宾。除了父子、兄弟和夫妇关系外，家庭里还有很多其他关系，如叔侄、姑嫂、妯娌等关系，其相处之道的根本是忍让。《袁氏世范》中说："人言居家久和者，本于能忍。"

2. 勤俭持家

在中国古代传统的农业社会里，大多数家庭以耕读为本，推崇农业劳作和读书做官，因此，诸多家训作品

夫唱妇随

47

都特别强调勤劳俭朴和刻苦读书的精神。明代吕坤在《孝睦房训辞》中言："传家两字，曰耕与读。兴家两字，曰俭与勤。"耕作和读书是保障家庭生存和发展的基本途径，辛勤耕作，重视读书，是居家第一要务。

与重视农业耕作紧密相关的，是强调勤劳俭约。《劝言》中说："勤与俭，治生之道也。不勤，则寡入；不俭，则妄费。"《经锄堂杂志》中言："俭则足用，俭则寡求，俭则可以成家，俭则可以立身，俭则可以传子孙。奢则用不给，奢则贪求，奢则掩身，奢则破家，奢则不可以训子孙。"俭成奢败是一条历史规律，因此，家训中普遍强调要勤俭持家。司马光在《训俭示康》中认为"有德者皆由俭来也"。他列举了历史上大量事例，论述了"俭养德，侈招恶"的道理："俭则寡欲，君子寡欲则不役于物，可以直道而行；小人寡欲则能谨身节用，远罪丰家。故曰：俭，德之共也。侈则多欲，君子多欲则贪慕富贵，枉道速祸；小人多欲则多求妄用，败家丧身，是

俭以养德

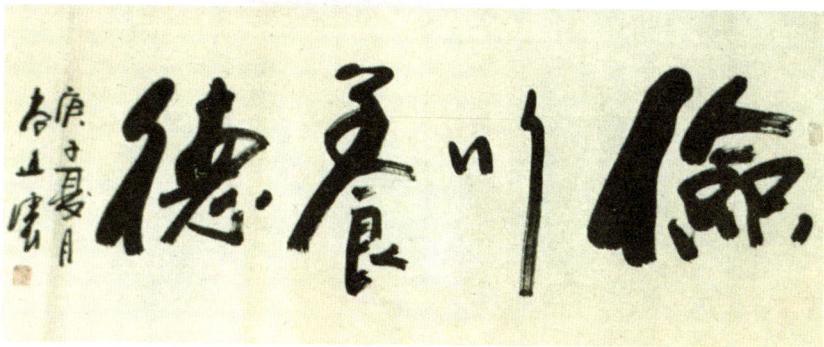

以居官必贿，居乡必盗。故曰：侈，恶之大也。"诸葛亮在《诫子书》中也说"俭以养德""淡泊以明志"。陆游在《放翁家训》中说："天下之事，常成于困约，而败于奢靡。"朱柏庐在《朱子家训》中教导后代："一粥一饭，当思来处不易；半丝半缕，恒念物力维艰。"《郑氏规范》中也说："家业之成，难如登天，当以俭素是绳是准。"

居家还要量入为出，善于筹划，精心安排，并且防患于未然。凡事"宜未雨而绸缪，毋临渴而掘井"。此外，还要恪守祖业，热心公益，奉公守法，礼貌待客，公平买卖等。

（二）婚姻

婚姻是家庭中的大事，

关系着家庭关系的和睦和子孙的未来，因此，家族成员往往对婚姻都极为重视。在历代家训作品中，也有不少关于婚姻的内容。比如有的家训强调，不要在儿女年幼时定亲，万一长大后有了变化，追悔莫及——"人之男女，不可于幼小时便议婚姻。大抵女欲得托，男欲得偶，若论目前，悔必在后。"在

选择结婚对象时，有的家训强调要重视对方的品行——"凡议婚姻，当择其婿与妇之性行及家法何如，不可徒慕一时之富贵。"《郑氏规范》里说："婚嫁必须选择温良有家法者，不可羡富贵以亏择配之义。"

三、处世

处世就是在社会生活中

浙江标溪乡叶谢村严氏家训中的"处世"原则

和各种交往活动中恰当地处理各种人际关系，恰当地待人接物，使人际关系和谐发展。在各类家训中，训诫者常常会把为人处世的方法传授给家族子弟。这些处世方法是家族世代积累出的生活经验，具有很强的教导意义。家庭成员学习这些处世方法，容易在事业上有所成就，光耀门庭，或在残酷的社会生活中明哲保身，全身而退。

（一）处世的原则

古代家训在处世上强调公平正直、诚实守信、豁达大度、礼貌待人。《袁氏世范》里认为，忠信笃敬、公平正直是做人最重要的品德，诚实守信是与人相处的一条重要原则。明代王汝梅在其《王氏家训》里说："万事须以一'诚'字立脚跟，即事不败，未有不诚能成事者。虚伪诡诈，机谋行径，我非不能，实不为也。非惟天不可欺，即人亦难瞒。"古人认为，凡事要有诚恳的心态，"精诚所至，金石为开"，以诚心去感动别人，别人也会报之以诚心。

豁达大度也很重要。与人相处，要互相谅解，和睦友善，不要斤斤计较。对他人要宽容大度，不可求全责备。有一个历史故事，讲西周初年周公的儿子伯禽被分封到鲁国，赴任之前，周公告诫他，不要怠慢亲戚，不要使大臣埋没，不要轻易舍弃故旧，不要对人求全责备，即使自己才能过人，也不要与有专长的人争强斗胜。曾国藩在其家书里也告诫诸弟"情愿人占我便益""凡事不可占人半点便益，不可轻取人财"。杨继盛在《杨忠愍公遗笔》中说："与人相处之道，第一要谦下诚实，同干事则勿避劳苦，同饮食则勿贪甘美，同行走则勿择好路，同睡寝则勿占床席。宁让人，勿使人让吾；宁容人，勿使人容吾；宁吃人之亏，勿使人吃吾之亏；宁受人之气，勿使人受吾之气。人有恩于吾，则终身不忘；人有仇于吾，则即时丢过。"

此外，做事说话要谦虚，出言要慎重、留有余地——"言语忌说尽，聪明忌露尽，好事忌占尽。"人要处富贵不骄傲，礼节不能因人分轻重。不论是本自贫寒而致富贵，还是继承祖先遗产而显贵，都不应该在乡亲面前耀武扬威。

凡事要忍让，严于律己，宽以待人。对自己的行为要经常进行反思，对自己的错误要自责悔过。袁采在《袁氏世范》中言："人之处事，能常悔往事之非，常悔前言之失，常悔往年之未有知识，其贤德之进，所谓长日加益，而人不自知也。"

（二）与人交往的原则

上文所述那些家族内部处理人际关系的原则如果向家族外延伸，也可以处理家庭和宗族、亲戚、乡邻的关系。人与人之间要想和睦共处，就要相互理解、相互容忍和相互照顾。与人交往首先要重视品德，要"忠信以存心，敬慎以行己，平恕以待人"。与人交谈要言顺气和，秉承忠诚之心，说话要讲究信用，态度要恭敬。

在交友方面要慎重，要交益友。颜之推言："与善人居，如入芝兰之室，久而自芳也；与恶人居，如入鲍鱼之肆，久而自臭也。墨子悲于染丝，是之谓矣。君子必慎交游焉。"其说明了交友的重要性。交友要选择有道德的人。清代张英在其家训里说"择交者不败"，要求子弟交友要选择善人。明代高攀龙言："言语最要谨慎，交游最要审择。多说一句，不如少说一句；多识一人，不如少识一人。若是贤友，愈多愈好，只恐人才难得，知人实难耳。"杨继盛在《杨忠愍公遗笔》中说："拣着老成忠厚、肯读书、肯学好的人，你就与他肝胆相交，语言必信，逐日与他相处，你自然成个好人，不

入下流也。"吴麟徵在《家诫要言》中也说："师友当以老成庄重、实心用功为良；若浮薄好动之徒，无益有损，断断不宜交也。"

四、任事

家庭子弟的择业同家庭的兴衰有着极为密切的关系，因此，古代家庭都非常重视子弟的择业，即治生任事，在家训中，常有相关的论述。一般来说，古代家训均强调子弟必须有正当职业。南宋袁采在《袁氏世范》中说："人之有子，须使有业。贫贱而有业，则不至于饥寒；富贵而有业，则不至于为非。凡富贵之子弟，耽酒色，好博弈，异衣服，饰舆马、与群小为伍，以至破家者，非其本心之不肖，由无业以度

日，遂起为非之心。"

家庭子弟如果游手好闲，没有职业，就会坐吃山空，使家道败落，所以从谋生的角度来看，古代很多家训都重视对子孙技艺的培养。《颜氏家训》中说："积财千万，不如薄技在身。"只要有了知识和技能，不管是做官还是从事农工商贾，总有谋生的门路。

在职业的选择上，古代家训强调以耕读为本。在中国传统的农业社会，人们觉得最稳妥的职业选择就是耕

读两途。重视农业，尽力耕作，可保障家庭基本的生活需要，在此基础上，教导子弟读书求仕，可为家庭获得更高的社会地位，因此，耕读传家是传统农业社会里很多家庭的职业选择。陆游在其训子诗中多次教育子孙，要继承耕读传家的传统，做有知识、能官能民、自食其力的人。清代张英在《恒产琐言》里说："人家富贵两字，暂时之荣宠耳。所恃以长子孙者，毕竟是耕读两字。"他为了强调田产、耕

"耕读传家"
砖雕

作对于家庭的重要意义，因而专门写了《恒产琐言》，教导子弟"守田之法"，要求子弟不卖田经商，要尚节俭、去恶习，要尽地力，善管理。明代庞尚鹏在《庞氏家训》里说："子弟以儒书为世业，毕力从之。力不能则必亲农事，劳其身，食其力，乃能立其家。" 左宗棠在家信中也说："子孙能学吾之耕读为业，务本为怀，是心慰矣。"

在人们的传统观念里，选择什么职业是有先后主次之分的。袁采在《袁氏世范》里说："士大夫之子弟苟无世禄可守，无常产可依，而欲为仰事俯育之计，莫如为儒。其才质之美能习进士业者，上可以取科第、致富贵，次可以开门教授，以受束修

之俸。其不能习进士业者，上可以事笔札，代笺简之役，次可以习点读，为童蒙之师。如不能为儒，则巫医、僧道、农圃、商贾、技术，凡可以养生而不至于辱先者，皆可为也。"读书做官是古代家庭教导子弟进行职业选择的首选。如果不能读书做官，再考虑从事其他职业。姚舜牧在《药言》中也说："人须各务一职业，第一品格是读书，第一本等是务农，此外为工为商，皆可以治生，可以定志，终身免于祸患。"明清之际的朱之瑜言："能闭门读书为上；农、圃、渔、樵，孝养二亲，亦上也；百工技艺，自食其力者次之；万不得已，佣工度日又次之。"但是这种观念到我们今天已经发生了很大变化，

现代社会行业更多，分工更细，不论从事什么样的职业，只要是对社会有益的，都是值得赞扬的。

家庭成员中如果有做官的，往往对家庭的影响很大：如果仕途顺利，家庭必定兴旺发达；如果仕途不顺，对家庭发展就很不利，甚至会带来祸患。因此，许多家训作品中，常包含了对仕宦进行警示和劝诫的内容，强调仕宦要清廉、勤勉和审慎。《戒子孙》中说："仕宦之法，清廉为最。"《童蒙训》中言："当官之法唯有三事，曰清，曰慎，曰勤。"《郑氏规范》里要求家族里为官的子弟要"既仕，须奉公勤政""不宜恃贵自尊"，要他们报效国家，体恤百姓，要廉洁自律，"以报国为务，抚恤下

民，实如慈母之保赤子""不可一毫妄取于民"。

此外，在家训中还有一些内容，像见义勇为、克己奉公、助人为乐等。总的来说，中国古代家训的内容，大都是在儒家"修身、齐家、治国、平天下"的道德观念和价值追求的基础上产生和制定的，内容归纳起来主要是两大部分：一是正本，即从思想上教导家庭成员；一是致用，即从具体操作上规范家庭成员的行为。古代家训在教育子弟的方法上，讲究家教尚早，讲究严厉和慈爱的平衡，讲究父亲的首要责任等。

总而言之，中国家训在内容上涉及生活的方方面面，涵盖中国数千年来家政管理的具体经验方法，不

仅有利于家庭的繁衍发展，而且对于国家政治的稳定、经济的发展和社会文化的传承也具有积极的意义。中国家训中涉及的很多方面，直到今天仍然有其现实意义和借鉴价值。比如古代家训中宣扬勤劳耕作、节约朴素、公平公正、仁慈友爱、遵纪守法、勤学好问、诚实敦厚、尊师敬老、慎思谨行、忠于职守等优秀的传统美德，是前人留下来的宝贵的精神财富，值得我们今天继承和学习。

廉

廉俭篇

守得廉德宽，与国共欣戚，
富宠宜，养民疗国瘼，
——《田家无所求》

古者尚俭，明君所以端邪佞，
澄心省事，哲王所以清

家训的特点和意义

| 家训的特点和意义 |

一、家训体现家国情怀

家训是一种家庭内部的规范，用来约束家庭成员的行为。但是，家训的形成并不是一种孤立的社会行为，它实际上是家庭和社会互动的结果。中国传统社会家庭的组织结构、功能和国家的组织结构、功能有一致的地方。家是国家的基础，各个家统一于国。家训往往以特定时代的社会规范作为基本内容，因此，家训也体现着一个时代的社会价值观和人生追求。《大学》里阐述的"修身、齐家、治国、平天下"的观点精辟地说明了家庭与社会、家庭与国家的统一性，体现了中国古代"家国一体"的思想认知。宋代朱熹认为："家政修明，内外无怨，上下无怨，子孙世昌。移之于官，则一官之政修，移之于国与天下，则国与天下之政理。"

家训体现的是中国传统的儒家思想，家训作为可操作的行为规范，是中国传统儒家思想的具体实践表现。中国传统儒家思想重视家庭的社会功能和作用，重视家庭内部秩序和家庭成员的道德修养，尤其重视家庭成员之间互相规劝。家庭是社会的组织细胞，在儒家思想"修身、齐家、治国、平天下"

的观念里，反映的正是个人、家庭和社会的关系。

同时，中国传统文化中有推己及人的思想，比如家庭中的子女要对父母孝敬，推广开来，"老吾老以及人之老"，就延伸至对整个社会的老人都要尊敬。这样，家训就会通过家庭成员影响社会，使好的家教家风成为社会推崇的风尚，从而构成整个社会文化的一部分。尤其是受到统治阶级推崇的家训，往往会成为社会上很多家庭制定家训的蓝本，产生极为广泛的社会影响，如《郑氏规范》等。南宋宰相赵鼎曾这样要求他的子孙："司马温公《家范》，可各录一本，时时一览，足以为法。"

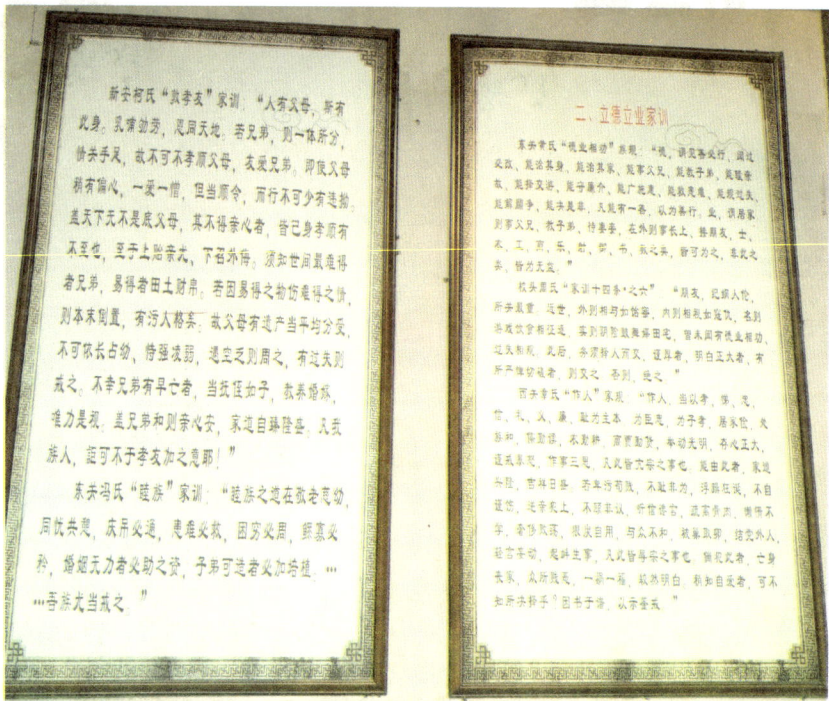

安徽绩溪家风家训陈列馆内的宣传墙

可见这些经典家训在全社会产生的巨大影响。所以，中国古代家训并不仅仅局限于个人的修养和家庭成员的团结，而是着眼于整个社会乃至国家。其中，《钱氏家训》就把整个家训内容划分为个人、家庭、社会与国家四部分。《朱子家训》把个人、家庭、社会、国家各种关系交融在一起进行论说。由此可见，中国家训体现出了家庭与社会、国家之间的密切关系。

二、家训对于儿童人格养成与成才教育具有重要意义

家训是生活经验的总结，是祖先把自己生活的经验和教训、人生的哲理、处世的方法总结出来，传给后人，使后人在家训的耳濡目染之中，学会做人做事，培养其良好的品德和高尚的情操。中国历史上曾涌现出很多名垂千古的人物，他们有的是开国治世的政治家，有的是运筹帷幄的军事家，有的是见解深刻的思想家，有的是才智超人的科学家，有的是学识渊博、才华横溢的文学家、史学家、艺术家等。他们之所以能成为让人钦佩的知名人物，大都和他们所受的家庭教育有着密不可分的关系。在良好家训影响下自幼形成的优良品德，让他们有追求理想的崇高志向，能够热爱祖国、敬业奉献、坚持操守、不怕艰辛，从而成为可歌可颂的人物。

家训是一种很好的家庭教育形式。家训中往往浓缩

了丰富的人生经验，其包罗广泛，情感真挚，针对性强，又便于实践，能够给家族子弟的生活提供借鉴和指导，能让家族子弟在社会中安身立命，少走弯路。

教育子孙要从其幼小的时候开始，童年时期，人的可塑性强，是道德品质和习惯养成的关键时期。《颜氏家训》里说："人生小幼，精神专利，长成以后，思虑散逸，固须早教，勿失机也。"中国自古以来就重视对儿童的启蒙教育和养成教育。家庭教育在一个人的教育过程中处于初始和基础地位，而家训恰恰是家庭教育的重要内容。传承家训，培育良好家风，对于培养儿童具有重要意义。司马光的《居家杂仪》里就详细论述了对儿童教育的过程：从婴儿出生到幼儿、少年时期的培养，每一个阶段都应循序渐进地施行不同的教育内容。比如司马光在《训子孙文》里记载，孩子能吃饭的时候，就要教他用右手；孩子能说话时，就教他说自己的名字及一般的问候语；孩子稍大一点儿懂些道理时，就教他尊敬长辈等。

三、家训是维系家庭和谐的重要精神保障

家训是家庭成员共同遵守的行为准则，具有劝导性，也具有强制性和约束力，可以调节家庭内部人际关系，有效管理家族事务，解决家庭矛盾和问题。中国传统家庭往往是数世同堂，家庭成员人数众多，这样的大家族

往往也拥有较多的田地、房产、财物，如果不对家庭内部事务进行有效的管理，对家庭成员的行为不进行规范，就会导致家族的败落。同时，由于家庭成员众多，其亲疏远近关系不同，每个人的秉性爱好不同，家庭成员之间的矛盾在所难免，如果对这些矛盾不加以有效的

浙江松阳村民家里挂的家训牌

安徽绩溪伏岭村挂有家训的祠堂

解决，任其发展，可能会导致父子反目、夫妻成仇、兄弟为敌，从而导致家庭分崩离析。而家训通过劝导、规范家庭成员之间的行为，能有效解决矛盾，使之关系协调。所以，家训对于家庭成员的和谐相处和家庭的延续

发展具有重要意义。

四、家训在当代社会有重要的实践价值

随着当代社会经济的发展，人们的物质生活水平不断提高，但和谐幸福的生活，不仅需要衣食的丰足，也需

当代农村的家训墙 ▏

要人们具有良好的精神道德品质。家庭教育作为一种基本的教育形式，在当今社会仍然发挥着重要作用，其对于培养人的道德情操仍然具有无可比拟的特殊意义。在当代社会，家庭教育和良好家风的形成，是社会主义精神文明建设的一个重要方面。2001年9月，中共中央颁布的《公民道德建设实施纲要》里明确指出："家庭是人们接受道德教育最早的地方。高尚道德必须从小开始培养，从娃娃抓起。要在孩子懂事的时候，深入浅出地进行道德启蒙教育；要在孩子成长的过程中，循循善诱，以事明理，引导其分清是非，辨别善恶。"2015年，习近平总书记在春节团拜会上也号召："注重家庭、注

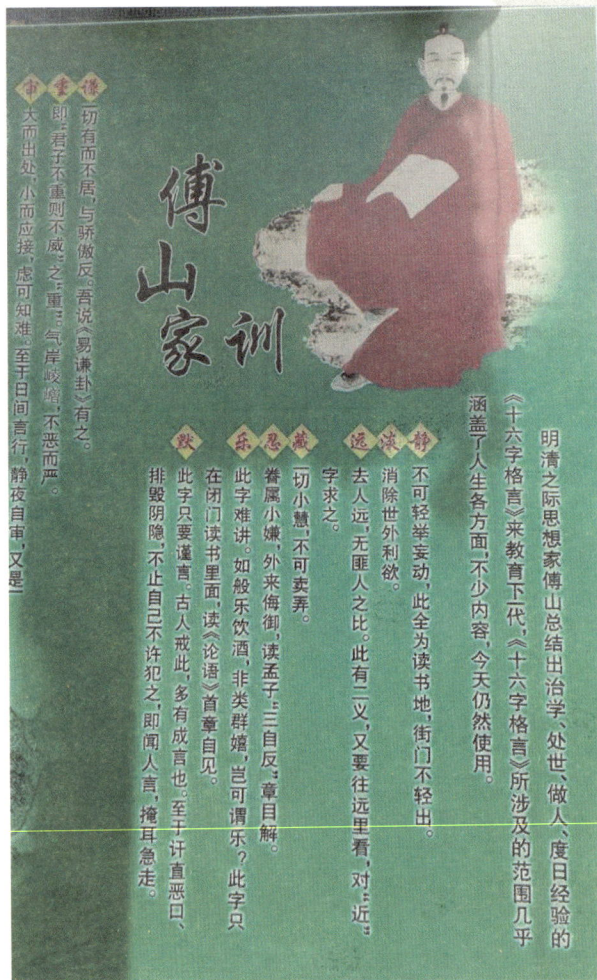

傅山家训

明清之际思想家傅山总结出治学、处世、做人、度日经验的《十六字格言》来教育下代，《十六字格言》所涉及的范围几乎涵盖了人生各方面，不少内容，今天仍然使用。

静：不可轻举妄动，此全为读书地，街门不轻出。

谏：去人远，无匪人之比。此有二义，又要往远里看，对于近字求之。

远：消除世外利欲。

藏：此字难讲。如般乐饮酒，读孟子；三自反，章目解。此字只在闭门读书里面读《论语》首章自见。

思：眷属小嫌，外来侮御，读《论语》首章自见。

乐：切小慧，不可卖弄。

欲：此字只要谨言。古人戒此，多有成言也。至于讥直恶口，排毁阴隐，不止自己不许犯之，即闻人言，掩耳急走。

审：天而出处，小而应接，虑可知难；至于日间言行，静夜自审，又是一

畫：即君子不重则不威，之重；气岸岐嶷，不恶而严。

德：一切有而不居，与骄傲反。吾说《易谦卦》有之。

山西中华傅山园展示的《傅山家训》

重家教、注重家风，紧密结合培育和弘扬社会主义核心价值观，发扬光大中华民族传统家庭美德……"

传统家训对于建设家庭

文明有着积极的借鉴意义。今天我们思考如何构筑现代文化，建立现代文明，我们应立足新时代的要求，继承优秀的家训精神，注重父母的言传身教，逐渐形成新时代的良好家风，使得少年儿童在潜移默化中得到有益的培养。

总的来看，中国历史上留存下来的经典家训，大都没有艰深晦涩的地方。由于家训关系到子孙后代和家族的延续发展，其往往情真意切，语重心长，说理透彻，针对性强，极具感染力和说服力，字字句句讲的都是中国人培养道德、成就事业、造福社会的道理，是人们在日常生活中、在具体的行为活动中做人做事的教导。这些内容，对我们今天培养道

浙江绍兴民居上的家训牌

德情操和行为习惯也有着重要意义，值得我们学习。当然，我们也要看到，中国古代的家训因受到历史发展的局限性和封建社会等级制度、尊卑观念等的影响，也有一些内容在今天看来是消极的或者不合时宜的，比如有些家训会宣传男尊女卑、因果报应、重农鄙商、宿命论等观念，因此，我们在学习家训的过程中，要注意发扬其精华，从当代家庭与社会主义文化建设出发，弘扬优秀家训传统，促进家庭、社会的和谐与稳定，为民族、国家输送优秀人才。

图书在版编目（ＣＩＰ）数据

家训 / 孙英芳编著 ；萧放本辑主编. -- 哈尔滨：
黑龙江少年儿童出版社，2020. 11（2021. 8 重印）
　　（记住乡愁 ：留给孩子们的中国民俗文化 / 刘魁立
主编. 第七辑，民间礼俗辑）
　　ISBN 978-7-5319-6553-4

　　Ⅰ. ①家… Ⅱ. ①孙… ②萧… Ⅲ. ①家庭道德—中
国—青少年读物 Ⅳ. ①B823. 1-49

中国版本图书馆CIP数据核字(2020)第236254号

记住乡愁——留给孩子们的中国民俗文化　　　　　刘魁立◎主编

第七辑 民间礼俗辑　　　　　　　　　　　　　　萧　放◎本辑主编

家训 JIAXUN　　　　　　　　　　　　　　　　孙英芳◎编著

出 版 人：商　亮
项目策划：张立新　刘伟波
项目统筹：华　汉
责任编辑：杨　柳
校　 对：王冬冬
整体设计：文思天纵
责任印制：李　妍　王　刚
出版发行：黑龙江少年儿童出版社
　　　　　（黑龙江省哈尔滨市南岗区宣庆小区8号楼 150090）
网　　址：www.1sbook.com.cn
经　　销：全国新华书店
印　　装：北京一鑫印务有限责任公司
开　　本：787 mm×1092 mm 1/16
印　　张：5
字　　数：50千
书　　号：ISBN 978-7-5319-6553-4
版　　次：2020年11月第1版
印　　次：2021年8月第2次印刷
定　　价：35.00元